Bewerbungs-Führerschein

von

Renate Gayer
Brigitte Stegner

Vorwort

Erfolgreich Bewerben – gleich, ob es sich dabei um ein Praktikum handelt, eine Ausbildung oder einen Arbeitsplatz – ist nicht leicht. Dieses Buch ist der ideale Leitfaden für den Aufbau einer wirkungsvollen Bewerbung und gibt wertvolle Hilfen für die stilvolle Gestaltung einer individuellen Bewerbungsmappe.

Das Buch zeigt, wie der tabellarische Lebenslauf aufgebaut wird, und stellt den Lebenslauf nach der Europa-Norm vor. Gleichzeitig wird beispielhaft die Anwendung von Word 2007 gezeigt.

Auf wesentliche Details beim Bewerbungsfoto, bei der Analyse einer Stellenanzeige und wie man sich auf das Einstellungsgespräch vorbereitet, wird eingegangen. Das Buch beantwortet u. a. auch die Fragen: Was ziehe ich an? Welche Fehler sollten beim Bewerbungsgespräch vermieden werden?

Anhand von Checklisten ist es einfach, sich auf wesentliche Punkte gut vorzubereiten und nichts zu vergessen.

Das Buch ist in 5 Projekte eingeteilt:

→ **Projekt 1 – Bewerbung – Praktikum**
Bewerbung um einen Praktikumsplatz für den Einstieg in das Berufsleben an verschiedenen Berufsbeispielen.

→ **Projekt 2 – Bewerbung – Ausbildungsplatz**
Situationsaufgaben aus dem Alltag und Bewerbungen um einen Ausbildungsplatz in unterschiedlichen Berufen.

→ **Projekt 3 – Bewerbung – Arbeitsplatz**
Suche nach einem neuen Arbeitsplatz.

→ **Projekt 4 – Elektronische Bewerbung**
Wie Online-Formulare ausgefüllt werden.

→ **Projekt 5 – Einstellungstest – Vorstellungsgespräch – Assessmentcenter**
Das Vorstellungsgespräch effizient zu planen u. v. m.

Die kreative Gestaltung und richtige Gliederung eines privaten Briefvordruckes nach DIN 5008 wird eingehend erläutert.

Zu dem Lehrbuch wird eine CD (Bestell-Nr. 4753) angeboten. Sie enthält alle Texte, Lösungen und weitere Aufgaben für den Word-Führerschein, den Geschäftsbrief-Führerschein und den Bewerbungs-Führerschein.

3., durchgesehene und korrigierte Auflage, 2012
Druck 1, Herstellungsjahr 2012

© Bildungshaus Schulbuchverlage
Westermann Schroedel Diesterweg
Schöningh Winklers GmbH
Postfach 33 20, 38023 Braunschweig
service@winklers.de   www.winklers.de
Redaktion: Michael Adler
Druck: westermann druck GmbH, Braunschweig
ISBN 978-3-8045-4755-1

Auf verschiedenen Seiten dieses Buches befinden sich Verweise (Links) auf Internetadressen.

Haftungshinweis: Trotz sorgfältiger inhaltlicher Kontrolle wird die Haftung für die Inhalte der externen Seiten ausgeschlossen. Für den Inhalt dieser externen Seiten sind ausschließlich deren Betreiber verantwortlich. Sollten Sie bei dem angegebenen Inhalt des Anbieters dieser Seite auf kostenpflichtige, illegale oder anstößige Inhalte treffen, so bedauern wir dies ausdrücklich und bitten Sie, uns umgehend per E-Mail davon in Kenntnis zu setzen, damit beim Nachdruck der Verweis gelöscht wird.

Inhaltsverzeichnis

1 Bewerben

Hilfe, ich muss mich bewerben – aber wie mache ich es richtig? Wie schaffe ich es, zu einem Vorstellungsgespräch eingeladen zu werden, damit ich zeigen kann, dass ich die oder der Richtige bin für

→ den Praktikumsplatz,
→ den Ausbildungsplatz oder
→ die ausgeschriebene Stelle.

Das Engagement bei der Erstellung einer Bewerbung – auch wenn es „nur" um ein Praktikum geht, zahlt sich aus.

Die Bewerbung ist so aufzubauen, dass sie das Interesse weckt, den Bewerber kennen zu lernen. Die Bewerbung soll zeigen, dass man

→ engagiert,   → teamfähig,
→ motiviert,   → zuverlässig,
→ flexibel,   → sozial engagiert

ist.

Die Bewerbung soll die Persönlichkeit des Bewerbers in das richtige Licht rücken, denn sie gilt als Visitenkarte und muss schon auf den ersten Blick Interesse wecken. Der Empfänger muss den Eindruck haben, dass die Bewerbung **ausschließlich** für sein Unternehmen erstellt wurde.

Auch bei Mehrfachbewerbungen sollten die Formulierungen immer gezielt dem Unternehmen angepasst werden (siehe Seite 12 ff.).

Wichtig sind:	Zu vermeiden sind:
■ Positive Formulierungen	■ Kopierte Bewerbungen
■ Höflich-sachlicher Stil	■ Nicht aussagefähige Sätze
■ Klare und eindeutige Aussagen	■ Floskelhafte Formulierung
■ Hervorhebung der Stärken	■ Rechtschreibfehler
	■ Schlechter Ausdruck
	■ Geknickte Seiten

47554

2   Praktikum

Vor einem Einstieg in das Berufsleben ist es sinnvoll, ein Praktikum zu absolvieren – in vielen Bereichen wird es sogar verlangt.

Dabei gibt es ganz unterschiedliche Praktika; jedoch alle mit dem gleichen Ziel: Einblicke in die Berufswelt zu gewinnen und theoretisch erworbene Kenntnisse praktisch umzusetzen. Gleichwohl kann durch ein Praktikum erkannt werden, ob die Berufswahlentscheidung oder die schulische Ausbildung den Vorstellungen entspricht. Auch kann mit einem Praktikum eine Wartezeit sinnvoll genutzt werden.

Das unterrichtsbegleitende Praktikum vermittelt grundlegende Kenntnisse der Arbeitswelt und bietet Einblicke in die Zusammenhänge der betrieblichen Praxis. Häufig wird auch von Studierenden als Bestandteil des Studiums ein Praktikum gefordert. Für Wiedereinsteiger ins Berufsleben ist es günstig, Bereitschaft zu einem Praktikum zu signalisieren; damit wird Engagement für die ausgeschriebene Stelle gezeigt.

Die Länge eines Praktikums ist unterschiedlich. Diese kann beispielsweise von 2 bis 6 Wochen reichen, 6 Monate oder auch ein ganzes Jahr dauern.

3   Erstellen eines Briefbogens

Situation

Drei Schüler/-innen aus unterschiedlichen Schulformen bewerben sich zur Berufswahlentscheidung bzw. zur Ergänzung des Unterrichts auf Praktikumsstellen. Die Informationen zu den möglichen Praktikumsplätzen wurden teils über private, teils über telefonische Kontakte oder mittels Recherchen im Internet beschafft.

Mit ihrer Bewerbung um einen Praktikumsplatz wollen sich die Schülerinnen und Schüler von anderen Mitbewerbern positiv abheben. Daher gestalten sie mit ihren persönlichen Angaben jeweils einen Briefbogen, der ihren Vorstellungen von Formschönheit entspricht. In der Gestaltung und der Auswahl von Schriftarten sind sie weitgehend frei, jedoch soll der Briefbogen den DIN-Regeln für einen privaten Vordruck gerecht werden, welche im Unterricht besprochen wurden (siehe Seite 10ff.).

Dieser private Briefbogen wird als Dokumentvorlage erstellt, damit er immer wieder verfügbar ist (siehe Seite 6ff.).

3.1 Erstellen einer Dokumentvorlage

Vorgehensweise zum Erstellen einer Dokumentvorlage:

■ Klick auf die Schaltfläche **Office.**

■ Dann auf die Befehle **Neu** und **Meine Vorlagen**.

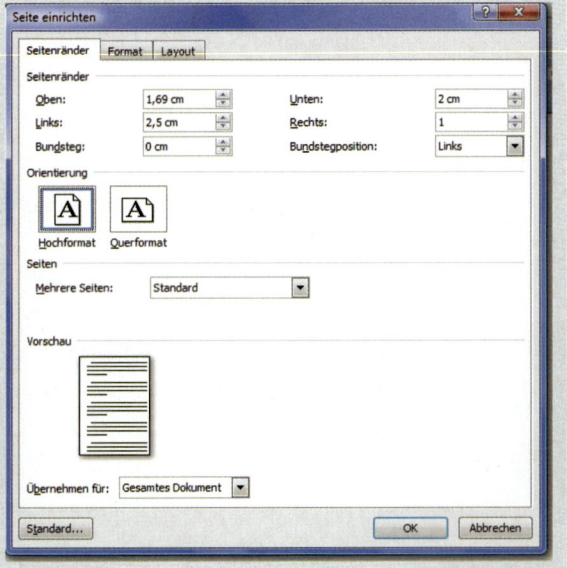

■ Die Option **Vorlage** aktivieren.

■ Mit **OK** bestätigen.

In der Titelleiste erscheint der Begriff **Vorlage1**.

3.2 Seitenränder und Schriftart

3.2.1 Seitenränder

■ Die *Registerkarte* **Seitenlayout** in der Multifunktionsleiste in den Vordergrund holen.

■ Dann auf das Icon **Seitenränder** klicken und danach auf **Benutzerdefinierte Seitenränder**.

■ In dem sich öffnenden Dialogfenster **Seite einrichten** folgende **Seitenränder** eingeben:

Oben: **1,69 cm**   Unten: **2 cm**

Links: **2,5 cm**   Rechts: **1 cm**

3.2.2 Schriftart

Das Anschreiben und die weiteren Unterlagen für die Bewerbung sollen einheitlich in **einer Schriftart** und mit einzeiligem Zeilenabstand geschrieben werden. Ausgefallene Schriftarten oder Schreibschriften sind zu vermeiden, denn diese stören den Lesefluss.

Die Gestaltung des Briefbogens obliegt der eigenen Kreativität; jedoch müssen auch hier die vorgegebenen Abstände eingehalten werden.

- Begonnen wird mit der Gestaltung der **Absenderangaben**. Dazu ist es sinnvoll, ein weiteres Return einzufügen, das für die Texterfassung zuständig ist.

- Für die Gestaltung der Absenderangaben ist das **erste Absatzzeichen** zu **markieren** und eine **Schriftart** im **Schriftgrad 11 pt** oder **12 pt** auswählen.

- Danach die Absenderangabe eingeben und gestalten (siehe Seite 9).

- Nun ist das **zweite Absatzzeichen** zu **markieren** und für den folgenden Text die **Schriftart** und den **Schriftgrad** für den **gesamten Text** festzulegen.

  Dazu eignen sich die Schriftarten Times New Roman, Arial, Verdana, Garamond, Cambrina, Bookman Old Style im Schriftgrad **11 pt** oder **12 pt**.

- Das **Tagesdatum** wird rechts bei 10 cm eingefügt und soll den **gleichen Schriftgrad** wie der übrige Text haben.

- Nach der vollständigen Absenderangabe werden so viele Returns eingegeben, bis in der **Statuszeile** die Maßeinheit **5,1 cm**, als Abstand von der oberen Blattkante steht = **erste Zeile des Anschriftfeldes.**

- Die Größe und Aufteilung des Anschriftfeldes sowie die Gliederung des Briefes ist unter Punkt 5 beschrieben.

3.3 Speichern und schließen

Damit der schön gestaltete Briefvordruck immer wieder verwendet werden kann, muss dieser als Dokumentvorlage unter einem sinnvollen Dateinamen gespeichert werden. Beim Benutzen der Dokumentvorlage wird eine Kopie in den Bildschirm geladen, die Dokumentvorlage als solche bleibt im Ordner Vorlagen unberührt.

- Klick auf die Schaltfläche **Office**.

- Die Befehle **Speichern unter** und **Word-Vorlage** auswählen.

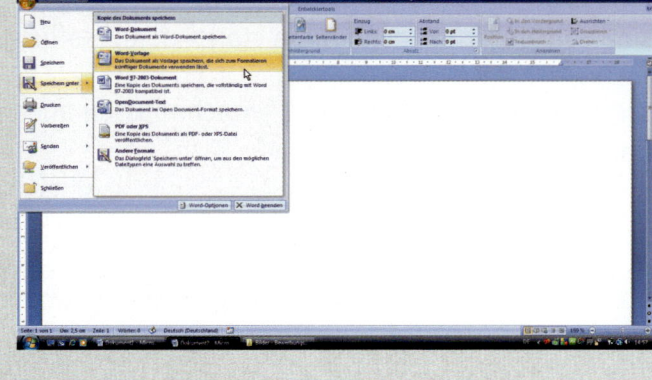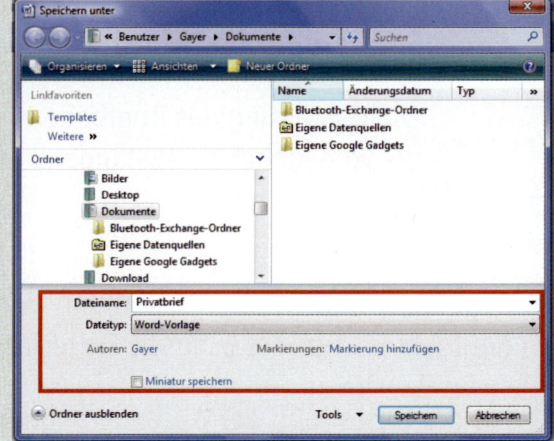

- In dem sich öffnenden Dialogfenster **Speichern unter** den Dateinamen **Privatbrief** eingeben.

- Den vorgeschlagenen Ordner akzeptieren; ebenso den Dateityp Word Vorlage.

- Mit Klick auf die Schaltfläche **Speichern** den Vorgang abschließen.

Nun ist es wichtig, die **Dokumentvorlage** zu **schließen**, damit diese immer wieder benutzt werden kann.

3.4 Dokumentvorlage verwenden

Um die Dokumentvorlage als Kopie, d. h. als normales Word-Dokument, zu verwenden und auch als solches zu speichern, sind folgende Schritte durchzuführen:

- Klick auf die Schaltfläche **Office**.

- Danach die Befehle **Neu** und **Meine Vorlagen** auswählen.

- Aus dem geöffneten Dialogfenster **Neu** den **Privatbrief** mit Doppelklick als Word-Dokument öffnen.

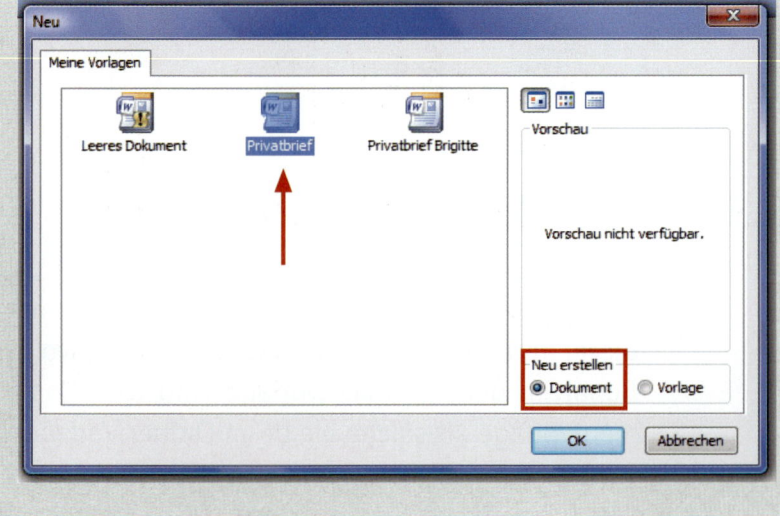

- In der Titelleiste kann kontrolliert werden, dass es sich um eine Kopie der Dokumentvorlage handelt, da dort Dokument und nicht der Name der Vorlage steht.

4   Mustervordrucke

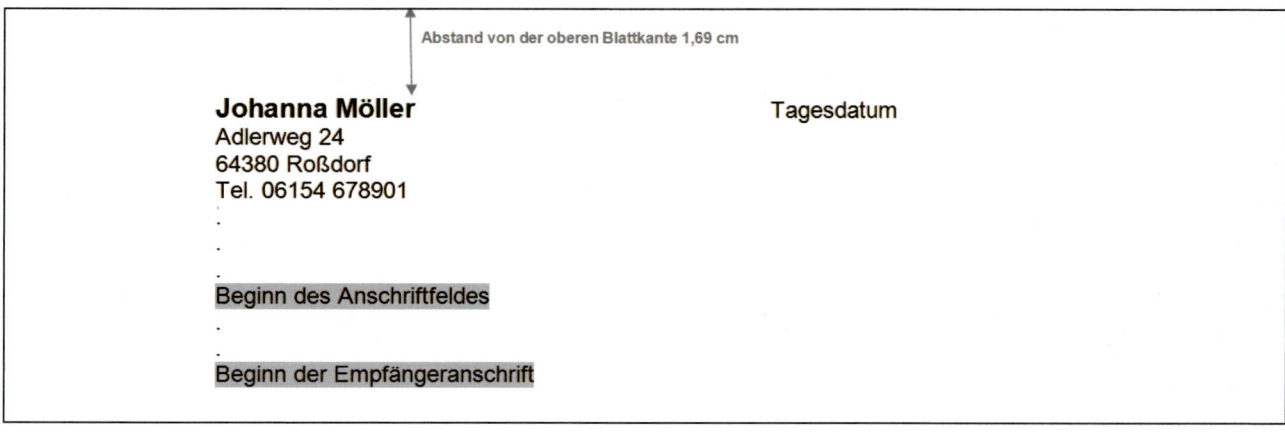

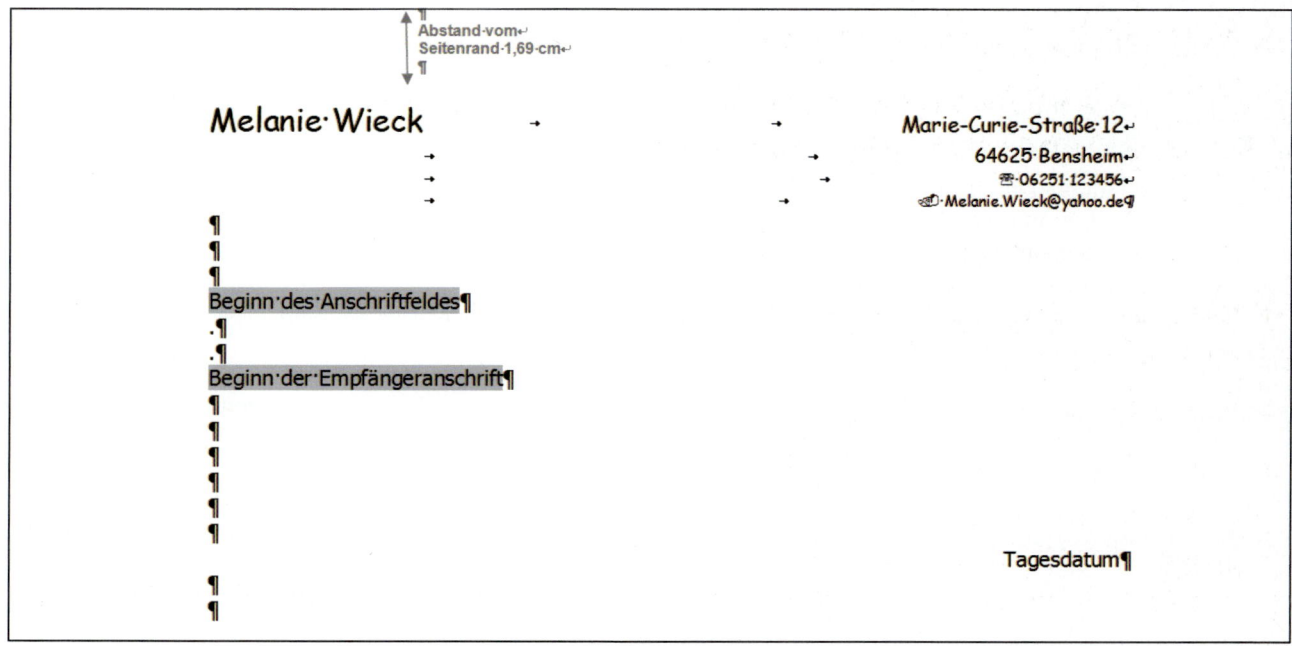

5 Aufbau und Gliederung privater Briefvorlagen

Damit das Anschreiben auch optisch formschön, ansprechend und normgerecht gegliedert ist, sollte sich der Bewerber eingehend mit dem Aufbau und der Gliederung eines Briefes nach DIN 5008 befassen (siehe Seite 12 ff.).

ABSENDERANGABEN – PERSÖNLICHE DATEN	
➤ Die Absenderangaben beginnen von der **oberen Blattkante** linksbündig bei **1,69 cm** und können individuell gestaltet werden. ➤ Ein weiterer Bestandteil ist das Tagesdatum des Briefes. Es kann unterschiedliche Positionen haben.	Vor- und Zuname Straße und Hausnummer oder Postfach PLZ und Ort Telefon (Festnetzanschluss und/oder Handy) evtl. E-Mail-Adresse *– siehe Seite 9 –*

EMPFÄNGERANSCHRIFT		
➤ Das Anschriftfeld beginnt **bei 5,08 cm** von der **oberen Blattkante**. ➤ Das **Anschriftfeld** umfasst **9 Zeilen**, die festgelegt sind. ➤ Das Anschriftfeld ist **4 cm hoch** und **8 cm breit**.	3 . 2 . 1 . 1 SPORTLINE KG 2 Personalabteilung 3 Frau Tanja Baumann 4 Postfach 11 25 34 5 64625 Bensheim 6 .	Zusatz- u. Vermerk- zone Anschrift- zone

BETREFF	
➤ Der Betreff ist eine kurze und präzise Inhaltsangabe des Briefes. ➤ Der **Betreff** darf durch **Fettschrift** und/oder Farbe hervorgehoben werden. ➤ **Vor** und **nach** dem Betreff müssen **zwei Leerzeilen** vorhanden sein.	**Bewerbung als Praktikant in Ihrer Kfz-Werkstatt** **Bewerbung um einen Praktikantenplatz als Restaurantfachfrau** **Bewerbung als Praktikantin im Sekretariat**

ANREDE	
➤ Die Anrede sollte möglichst persönlich gehalten sein. Nur wenn der Ansprechpartner nicht bekannt ist, wird die Anrede allgemein gehalten. ➤ Bei der persönlichen Anrede sind akademische Grade zu berücksichtigen. ➤ Nach der Anrede folgt ein Komma; es wird klein weitergeschrieben – es sei denn, es folgt eine direkte Anrede oder ein Substantiv. ➤ Zwischen Anrede und Brieftext muss eine Leerzeile vorhanden sein.	Sehr geehrte Frau Baumann, Sehr geehrter Herr Dr. Kluge, Sehr geehrte Damen und Herren, vielen Dank für ...

475510

BRIEFTEXT – INHALT DES BRIEFES	
➢ Der rechte Rand des Brieftextes kann nach der Anrede auf 2 cm verbreitert werden.	Wichtige Textteile können hervorgehoben werden, z. B. durch Unterstreichen, Zentrieren, Fettdruck.
➢ Der Brieftext wird einzeilig geschrieben; in Einleitung, Hauptteil und Schluss übersichtlich gegliedert.	Nicht zu viel hervorheben – weniger ist mehr!
➢ Immer wenn ein neuer Gedanke folgt, wird ein Absatz (eine Leerzeile) eingefügt.	

BRIEFABSCHLUSS	
Gruß	
➢ Der Gruß wird durch **eine** Leerzeile vom Brieftext getrennt.	Mit freundlichen Grüßen Freundliche Grüße

ANLAGENVERMERK	
➢ Nach dem Gruß folgen drei Leerzeilen für die Unterschrift.	Mit freundlichen Grüßen . . .
➢ Danach folgt der Anlagenvermerk. Dabei kann das Wort **Anlage** oder **Anlagen** (wie beim Betreff) durch **Fettdruck** hervorgehoben werden.	**1 Anlage**
➢ Die Anlagen können einzeln aufgeführt werden.	**4 Anlagen**
➢ Bei Platzmangel ist der Anlagenvermerk in Höhe der Grußformel bei **10 cm** zu schreiben.	**Anlagen** 1 Lebenslauf 1 Lichtbild 2 Zeugniskopien

Anmerkung: In den Briefbeispielen wird zur Gestaltung des Anschriftfeldes die neue DIN 5008 verwendet.

6   Musterbewerbungen um Praktikantenplätze

Johanna Möller, Adlerweg 24, 64380 Roßdorf, bewirbt sich um einen Praktikantenplatz als **Kfz-Mechatronikerin.**

Johanna Möller   Tagesdatum
Adlerweg 24
64380 Roßdorf
Tel. 06154 678901
.
.
.
.
.
.
Autoservice
Kunz & Berthold
Arheilger Weg 35
64380 Roßdorf

Bewerbung um ein Schülerpraktikum als Kfz-Mechatronikerin
.
.
Sehr geehrte Damen und Herren,
.
von einem Kollegen meines Vaters habe ich erfahren, dass Sie Schülern Gelegenheit zu einem Praktikum geben und auch im nächsten Jahr wieder eine(n) Kfz-Mechatroniker/in ausbilden. Daher bewerbe ich mich um einen Praktikumsplatz.

Schon früh habe ich meinem Vater beim Durchführen von kleineren Reparaturen an seinem Auto über die Schulter geschaut und ihm auch später geholfen. Mein Bruder fährt ein Motorrad und kennt sich damit recht gut aus. Zusammen mit ihm habe ich kleinere Reparaturen durchgeführt und mich dabei ziemlich geschickt angestellt.

Zurzeit besuche ich die 8. Klasse der Justin-Wagner-Schule in Roßdorf. Durch ein Praktikum möchte ich einen größeren Einblick in die Arbeit als Kfz-Mechatroniker/in gewinnen.

Über einen Praktikumsplatz würde ich mich sehr freuen.

Mit freundlichen Grüßen

Anlage
1 Zeugniskopie

Reiner Dexter, Am Kleinen Main 30 a, 1. Stock, 63452 Hanau, bewirbt sich um einen Praktikantenplatz als **Restaurantfachmann.**

Reiner Dexter
Am Kleinen Main 30 a, 1. Stock
63452 Hanau
☎ 06181 123456 ✆ reiner.dexter@web.de

Sheraton Frankfurt
Hotel & Towers
Flughafen – Terminal 1
Hugo-Eckener-Ring 15
60549 Frankfurt

Tagesdatum

Bewerbung um einen Praktikantenplatz als Restaurantfachmann

Sehr geehrte Damen und Herren,

im Internet habe ich Ihrer Anzeige entnommen, dass Sie Auszubildende für den Beruf Restaurantfachmann suchen. Diese Ausbildung interessiert mich sehr. Daher frage ich an, ob ich bei Ihnen ein 4 wöchiges Praktikum absolvieren kann.

Zurzeit besuche ich die 9. Klasse der Kaufmännischen Schulen in Hanau, die ich im nächsten Jahr mit dem Abschluss der Mittleren Reife verlassen werde. Sehr gerne würde ich danach eine Ausbildung zum Restaurantfachmann beginnen; jedoch vorher diesen Beruf in der Praxis erproben.

Zu besonderen Anlässen decke ich zu Hause gerne den Tisch und gestalte diesen festlich. Bei der Organisation familiärer Feiern durfte ich schon früh mithelfen. Mit Menschen habe ich gerne zu tun und kann mich auch in Englisch gut unterhalten.

Kann ich das Praktikum bei Ihnen machen?

Mit freundlichen Grüßen

2 Anlagen

Melanie Wieck, Marie-Curie-Straße 12, 64625 Bensheim, bewirbt sich um einen Praktikantenplatz im **Sekretariat.**

Melanie Wieck

Marie-Curie-Straße 12
64625 Bensheim
☎ 06251 123456
✆ Melanie.Wieck@yahoo.de

.
.
.

SPORTLINE KG
Herrn Gerhard Grön
Personalabteilung
Postfach 11 25 34
64625 Bensheim

Tagesdatum

Bewerbung als Praktikantin im Sekretariat

Sehr geehrter Herr Grön,

die 2-jährige Ausbildung zur „Staatlich geprüften Fremdsprachenassistentin", welche ich zurzeit in der Karl Kübel Schule, Bensheim, als vollschulische Ausbildung absolviere, sieht nach dem ersten Ausbildungsjahr ein 4-wöchiges Praktikum vor. Im Internet habe ich mich über die SPORTLINE KG informiert und würde sehr gerne meine Kenntnisse durch ein Praktikum bei Ihnen vertiefen.

Während meiner Ausbildung habe ich schon viel über betriebliche Abläufe im Sekretariat erfahren und im Unterricht sowie in der Übungsfirma praktisch angewendet. Dazu gehören z. B.

- Bearbeiten der Ein- und Ausgangspost,
- Richtiges Verhalten am Telefon,
- Zeitmanagement,
- Verwaltung der Ablage,
- Formulierung und Schreiben von Geschäftskorrespondenz.

Ich verfüge über gute Englischkenntnisse und erlerne während der Ausbildung auch das kaufmännische Korrespondieren in Englisch. Des Weiteren habe ich gute Grundkenntnisse in Französisch; mit dem Erlernen der spanischen Sprache habe ich bereits einige Fortschritte gemacht.

Mit den Programmen Word, Excel und PowerPoint kann ich schon sicher arbeiten. Texte erfasse ich mit einer Geschwindigkeit von 200 Anschlägen/Minute.

Bitte geben Sie mir Gelegenheit, mich persönlich vorzustellen.

Mit freundlichen Grüßen

Anlagen
2 Zeugniskopien

475514

7 Ausbildungsplatz

Einen Ausbildungsplatz oder eine Stelle zu finden ist nicht einfach. Manchmal rückt die Wunschausbildung in die Ferne, weil es keine Angebote mehr gibt oder man ist mit sich selbst noch im Zweifel, in welche berufliche Richtung es gehen soll.

Damit die Bewerbung überzeugt und der Bewerber zu einem Vorstellungsgespräch eingeladen wird, sollte sich jeder viel Zeit nehmen genau zu überlegen, welche Talente in ihm schlummern, was man gut kann und wo die Stärken liegen; aber auch seine Schwächen zu kennen ist wichtig.

Nur wenn man sich analysiert und erkennt, dass dies die richtige Ausbildung oder Stelle ist, kann man auch mit der Bewerbung überzeugen.

Bei der Selbstanalyse können folgende Fragen helfen:

➢ Was interessiert mich?	➢ Wo sind meine persönlichen Stärken?	➢ Was kann ich gut?	➢ Wo sind meine Schwächen?
Autos und Motorräder	Kann selbstständig und konzentriert arbeiten	Auf andere Menschen zugehen	Sitze zu lange am Computer
Gesundheit, medizinische Pflege	Habe eine rasche Auffassungsgabe	Fehler eingestehen	Mache zu wenig Sport
Bauen, Modernisieren und Renovieren	Gebe nicht so leicht auf – bin belastbar	Gut und schnell rechnen	Mir fällt es schwer, vor einer Gruppe zu sprechen
Kochen und Servieren	Arbeite gerne im Team	Mich in Englisch und Französisch unterhalten	
Kunden bedienen	Bin kritikfähig und ehrlich	Texte formulieren	
Arbeiten mit dem Computer	Bin zuverlässig und pünktlich		

7.1 Ausbildungs- oder Arbeitsplatzsuche

Es gibt mehrere Möglichkeiten, an Informationen über Ausbildungen oder über offene Stellen heranzukommen, z. B.

➜ Bundesagentur für Arbeit – Berufswahltest, persönliche Beratung

➜ Zeitungsanzeigen sichten und anrufen oder schriftlich bewerben

➜ Das Internet durchforsten

➜ Informationen über die Industrie- und Handelskammer oder Handwerkskammer einholen

➜ Ausbildungsmessen besuchen und Kontakte aufbauen

➜ Initiativbewerbungen starten

7.2 Bestandteile einer Bewerbung

Die Bewerbung ist in drei Teile aufgebaut:

1. Das Bewerbungsschreiben – auch Anschreiben genannt
2. Der Lebenslauf mit Lichtbild
3. Anlagen

8 Anschreiben

Will man eine Einladung zu einem Vorstellungsgespräch erhalten, sollte bei der Erstellung des Anschreibens sorgfältig und genau gearbeitet, Zeit und Engagement in die Bewerbung investiert werden; denn mit dem Anschreiben wirbt man für sich.

Ein gut formuliertes und ansprechend gestaltetes Anschreiben kann der Grund für eine Einladung zu einem Vorstellungsgespräch sein. Es genügt nicht aufzuzählen, was man kann, sondern die Fähigkeiten sollten mit einigen Worten erläutert und ein Bezug zur ausgeschriebenen Ausbildung/Stelle hergestellt werden.

8.1 Aufbau des Anschreibens

Für das wirkungsvolle Anschreiben sind folgende Punkte zu beachten:

■ Gutes Papier – evtl. mit Wasserzeichen	■ Persönliche Anrede
■ 1 A4-Seite – nicht länger	■ Kurze und aktive Sätze
■ Gut lesbare Schrift	■ Positive Formulierungen
■ Korrekte Empfängeranschrift	■ Keine Übertreibungen
■ Richtige Abteilung	■ Rechtschreib- und Grammatikfehler vermeiden
■ Ansprechpartner erfragen	■ Anlagen
■ Korrekter Name und Schreibweise des Ansprechpartners	■ Unterschrift
■ Datum des Bewerbungsschreibens	■ Guter Computerausdruck
■ Betreff – richtige Bezeichnung der Ausbildung oder der zu besetzenden Stelle	■ Das Anschreiben liegt ohne Klarsichthülle auf der Bewerbungsmappe

Von Vorteil ist:

→ Die Formulierungen einen Tag später noch einmal laut lesen, eventuell auch jemandem vorlesen.

→ Die Bewerbung von anderen Personen durchsehen lassen.

475516

8.2 Gliederung des Anschreibens

Das Bewerbungsschreiben ist in drei Bereiche zu gliedern:

A – Einleitung	B – Hauptteil	C – Schluss

A – Einleitung

Für die Einleitung (Beginn) des Anschreibens ist entscheidend, ob

- man sich auf eine Stellenanzeige bewirbt,
- die Ausschreibung im Internet stand oder
- eine Initiativbewerbung startet.

→ Handelt es sich z. B. um eine Bewerbung aufgrund einer **Stellenanzeige,** sollte die Anzeige genau gelesen und zu Beginn darauf eingegangen werden.

→ Bereits mit der Einleitung sollte man Interesse wecken und neugierig machen weiterzulesen.

→ Von Vorteil ist, die eigene Motivation einzubringen und aufzuzeigen, was an der Stelle reizt.

B – Hauptteil

Beim **Hauptteil (Inhalt)** der Bewerbung sollte auf die Anforderungen der Ausbildung/ Stelle eingegangen werden, gleichzeitig ist eine Beziehung zur Tätigkeit herzustellen, z. B.:

→ Eigene Fähigkeiten und Erfahrungen in Bezug auf die Anforderungen beschreiben.

→ Aufzeigen, was an dem Unternehmen interessiert und warum man in dem Unternehmen arbeiten will.

→ Auf Ausbildungsschwerpunkte oder auf die Berufspraxis mit kurzer Beschreibung eingehen.

→ Auf Praktika hinweisen, bei denen man Arbeitsabläufe kennen lernte und sich persönlich einbringen konnte.

→ Qualifikation in Bezug auf die ausgeschriebene Stelle anhand von Beispielen aufzeigen.

C – Schluss

Zum **Schluss** noch einmal punkten durch

→ die Beschreibung, was man gerade macht
(z. B. Schule, schulische Ausbildung, Berufsausbildung, Berufstätigkeit).

→ den Hinweis auf Lebenslauf, Zeugnisse und andere Bescheinigungen oder Zertifikate.

→ den Vorschlag, in einem persönlichen Gespräch gerne mehr zu berichten.

8.3   Briefvorlagen erstellen

In den unter Punkt 9 beschriebenen Situationen werden Musterbewerbungen vorgestellt, dazu werden drei weitere Vordrucke benötigt. Erstellen Sie diese nach den folgenden Mustern als Dokumentvorlage.

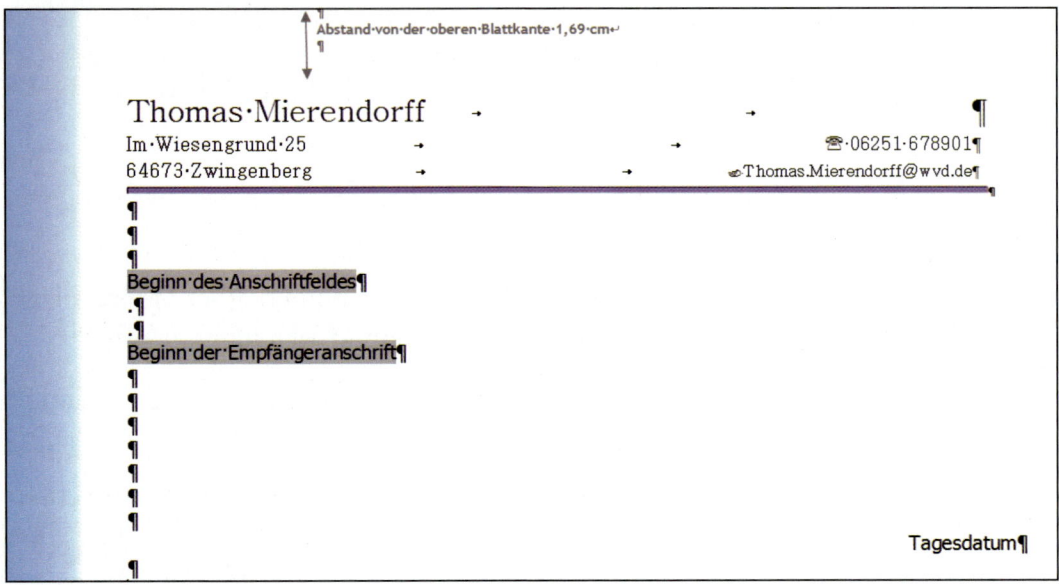

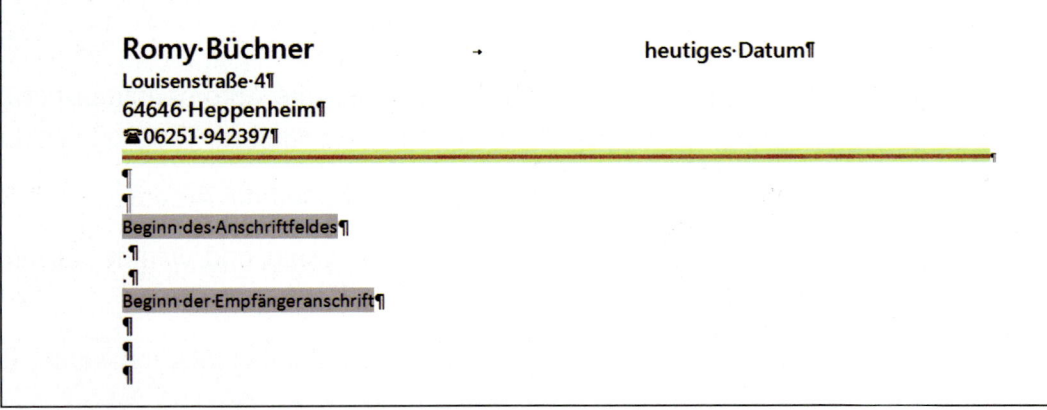

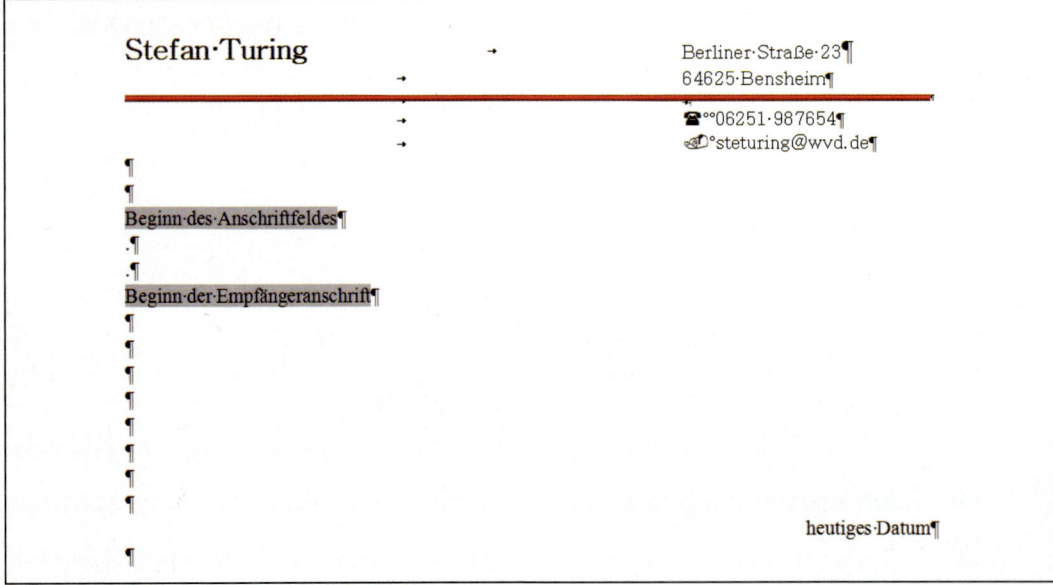

475518

9 Musteranschreiben für Ausbildungsplätze

Situationen

Johanna Möller, Adlerweg 24, 64380 Roßdorf, hat bei der Firma Autoservice, Kunz & Berthold, Herrn H. Berthold, Arheilger Weg 35, 64380 Roßdorf, ein Praktikum als Kfz-Mechatronikerin absolviert. Sie hat sich ungewöhnlich stark engagiert, war fleißig und hoch motiviert. Auch konnte sie zeigen, dass sie Spaß an dem Beruf hat und schon einiges wusste. Aufgrund ihres Engagements hat man sie aufgefordert, sich nach ihrem Hauptschulabschluss für die Ausbildung als **Kfz-Mechatronikerin** zu bewerben.

Reiner Dexter, Am Kleinen Main 30 a, 1. Stock, 63452 Hanau, machte im Sheraton Frankfurt, Hotel & Towers, Flughafen – Terminal 1, Hugo-Eckener-Ring 15, 60549 Frankfurt, sehr erfolgreich ein Praktikum als Restaurantfachmann. Er ist sich nun sicher, dass er diesen Beruf erlernen will. Das Hotel bildet im nächsten Jahr keinen Auszubildenden aus. Da Reiner sich aber mit großem Engagement eingesetzt hat und auch in der Vorbereitung und Durchführung einer Feier zeigen konnte, dass er einige Voraussetzungen mitbringt, hat ihm die Hotelleitung ein Empfehlungsschreiben und eine Adresse gegeben, wo er sich zur Ausbildung als **Restaurantfachmann** bewerben kann.

Romy Büchner, Louisenstraße 4, 64646 Heppenheim, hat eine Ausbildung zur Kauffrau für Bürokommunikation in der Probezeit abgebrochen und arbeitet zurzeit ehrenamtlich im Altenwohnheim. Durch Gespräche und dem wöchentlichen Besuch des Zahnarztes im Wohnheim wird sie auf die Ausbildung zur **Zahnmedizinische Fachangestellte** aufmerksam gemacht. Sie informiert sich bei der Bundesagentur für Arbeit genauer und startet verschiedene Initiativbewerbungen. In der Zahnartzpraxis Andrea Kornas und Dr. Michael Kornas, Heppenheimer Straße 24, 68642 Bürstadt, findet sie eine aufgeschlossene Zahnärztin, die sie auffordert, sich schriftlich zu bewerben.

Thomas Mierendorff, Am Hohen Wall 5, 64653 Lorsch, besucht die Einjährige Berufsfachschule für Wirtschaft und Verwaltung an der Karl Kübel Schule in Bensheim, die auf dem Mittleren Bildungsabschluss aufbaut. Danach möchte er gerne eine Ausbildung als **Industriekaufmann** absolvieren und bewirbt sich aufgrund seiner Recherchen im Internet.

Stefan Turing hat sich bei einem Infotag der Dualen Hochschule Baden-Württemberg Mannheim (DHBW) über den Studiengang zum **Bachelor of Arts – Fachrichtung International Business** im dualen System informiert. Er strebt eine solche Ausbildung an; da er ein Schuljahr in Argentinien absolvierte und dafür intensiv Spanisch lernte. Im Frühjahr d. J. Jahres wird er mit der Allgemeinen Hochschulreife die schulische Ausbildung abschließen. Danach beginnt er zunächst seinen Zivildienst und dann will er direkt mit der Ausbildung beginnen. Frühzeitig will er sich daher bei verschiedenen Firmen bewerben.

Johanna Möller   Tagesdatum
Adlerweg 24
64380 Roßdorf
Tel. 06154 678901

.

.

.

.

.

.

Autoservice
Kunz & Berthold
Herrn H. Berthold
Arheilger Weg 35
64380 Roßdorf

Bewerbung zur Ausbildung als Kfz-Mechatronikerin
.

.

Sehr geehrte Herr Berthold,

.

ganz herzlich danke ich Ihnen noch einmal, dass Sie mir Gelegenheit zu einem Praktikum gegeben haben. Das 4-wöchige Praktikum in Ihrem Betrieb hat meinen Berufswunsch bestätigt. Daher bewerbe ich mich um den Ausbildungsplatz als Kfz-Mechatronikerin in Ihrem Betrieb.

Während des Praktikums konnte ich beweisen, dass ich sorgfältig arbeite und die mir über- tragenen Aufgaben auch zuverlässig erledige. Die Suche nach Fehlern und Ursachen zur Behebung von Störungen fand ich sehr spannend. Es hat mir Freude gemacht, im Team zu arbeiten.

Im Sommer d. J. werde ich die Justin-Wagner-Schule in Roßdorf mit einem guten Haupt- schulabschluss verlassen und könnte danach die Ausbildung beginnen.

Gerne würde ich die Ausbildung in Ihrem Betrieb machen und zeigen, was ich leisten kann.

Mit freundlichen Grüßen

Johanna Möller

Anlagen
1 Lebenslauf
2 Zeugniskopien

Reiner Dexter
Am Kleinen Main 30 a, 1. Stock
63452 Hanau
☎ 06181 123456 ✆ yvette.dexter@web.de

.
.
.

Lindner
Hotel & Residence Main Plaza
Herrn Gisbert Kern
Walther-von-Cronberg-Platz
60594 Frankfurt

Tagesdatum

Bewerbung um einen Ausbildungsplatz als Restaurantfachmann

Sehr geehrter Herr Kern,

im Sommer letzten Jahres habe ich im Sheraton Frankfurt ein 4-wöchiges Praktikum gemacht. Das Hotel selbst bildet in diesem Jahr nicht aus, hat mir aber mit einem Empfehlungsschreiben Ihre Anschrift gegeben.

Während meines Praktikums habe ich alle mir übertragenen Aufgaben zur Zufriedenheit meiner Vorgesetzten ausgeführt. Auch wurde mir bewusst, dass dieser Beruf der richtige für mich ist und ich die erforderlichen Voraussetzungen dafür mitbringe. Es hat mir Freude gemacht, Fragen und Wünschen der Gäste nachzukommen und dabei meine soliden Englischkenntnisse anwenden zu können.

Die Kaufmännischen Schulen in Hanau werde ich im Sommer d. J. mit dem mittleren Bildungs-abschluss verlassen. Danach würde ich gerne mit der Ausbildung als Restaurantfachmann beginnen.

Als Klassensprecher und gewählter Vertreter in der SV übe ich mich in Teamfähigkeit und enga-giere mich bei der Lösung von Problemen. Ich bin einsatzfreudig und lerne gerne.

Den Beruf Restaurantfachmann möchte ich unbedingt erlernen und würde mich sehr freuen, wenn dies in Ihrem Hotel möglich wäre. Bitte geben Sie mir dazu Gelegenheit.

Mit freundlichen Grüßen   **5 Anlagen**

Reiner Dexter

Romy Büchner
Louisenstraße 4
64646 Heppenheim
☎ 06252 942397

heutiges Datum

.

.

.

Zahnartzpraxis
Andrea Kornas
Dr. Michael Kornas
Heppenheimer Straße 24
68642 Bürstadt

Bewerbung zur Ausbildung als Zahnmedizinische Fachangestellte

Sehr geehrte Frau Kornas,

ganz herzlich danke ich Ihnen für das aufmunternde Gespräch am Telefon und Ihr Angebot, mich bei Ihnen zu bewerben.

Im letzten Jahr habe ich meine begonnene Ausbildung zur Kauffrau für Bürokommunikation innerhalb der Probezeit beendet, weil ich erkannt habe, dass mir dieser Beruf nicht liegt.

Um mir darüber klar zu werden, welchen Berufsweg ich einschlagen sollte, habe ich mich zunächst im Altenwohnheim ehrenamtlich engagiert. Dort kümmere ich mich um zwei ältere Damen, lese ihnen vor und fahre sie mit dem Rollstuhl spazieren.

Durch Gespräche mit dem dort betreuenden Zahnarzt bin ich auf diese Ausbildung aufmerksam geworden. Ich habe mich dann im Internet und bei der Bundesagentur für Arbeit ausführlich informiert und bin überzeugt, dass dieser Beruf meinen Interessen voll entspricht.

Im Juni letzten Jahres habe ich die Mittlere Reife an der Karl Kübel Schule in Bensheim erworben. Die Ausbildung bei Ihnen könnte ich sofort beginnen.

Durch meine Arbeit im Altenwohnheim habe ich gelernt, geduldig und mitfühlend mit Menschen umzugehen. Ich verfüge über eine schnelle Auffassungsgabe und bin kontaktfreudig. Davon überzeuge ich Sie gerne in einem persönlichen Gespräch.

Mit freundlichen Grüßen

Romy Büchner

Anlagen
Lebenslauf mit Lichtbild
Zeugniskopie
Praktikumsnachweis

Thomas Mierendorff
Im Wiesengrund 25
64673 Zwingenberg

☎ 06251 678901
✉ Thomas.Mierendorff@wvd.de

.
.
.

Industriepark Wolfgang GmbH
Bildungszentrum Rhein-Main
Rodenbacher Chaussee 4
63457 Hanau

heutiges Datum

Bewerbung zur Ausbildung als Industriekaufmann

Sehr geehrte Damen und Herren,

von Ihrem Internetauftritt und dem überaus breiten und vielfältigen Angebot an Aus- und Weiterbildungsmöglichkeiten war ich sehr beeindruckt. Zur Ausbildung im nächsten Jahr bieten Sie genau den Beruf an, den ich gerne erlernen möchte: Industriekaufmann.

Sie suchen junge, flexible und engagierte Auszubildende – aus diesem Grunde bewerbe ich mich bei Ihnen.

Im Sommer d. J. beende ich die Einjährige Berufsfachschule an der Karl Kübel Schule in Bensheim, die auf dem mittleren Bildungsabschluss aufbaut. Wöchentlicher Bestandteil des Unterrichts ist ein eintägiges Praktikum, um den beruflichen Alltag kennen zu lernen und Erfahrungen zu sammeln. Jeden Mittwoch gehe ich zu meinem Praktikumsbetrieb, der Firma Langnese in Heppenheim. Dort bin ich fest eingeplant und werde mit unterschiedlichen Büroarbeiten betraut, die ich weitgehend selbstständig erledige.

Durch dieses Praktikum erhalte ich einen guten Einblick in den Ablauf verschiedener Geschäftsvorgänge. Ich arbeite häufig mit dem Computer, schreibe Berichte und Briefe; eine wichtige Präsentation durfte ich mitgestalten. Dabei kommen mir meine Fertigkeiten im Tastschreiben – 200 Anschläge pro Minute – zugute. Meine Kenntnisse in Excel wende ich beim Erstellen von Tabellen an. Beim Arbeiten in verschiedenen Abteilungen kann ich zeigen, dass ich teamfähig und flexibel bin.

Gerne würde ich die Ausbildung in Ihrem Unternehmen absolvieren und mich persönlich bei Ihnen vorstellen.

Mit freundlichen Grüßen   **6 Anlagen**

Thomas Mierendorff

Stefan Turing

Berliner Straße 23
64625 Bensheim

☎ 06251 987654
📠 steturing@wvd.de

Sirona Dental Systems GmbH
Ausbildung – Sirona Dental Academy
Fabrikstraße 31
64625 Bensheim

heutiges Datum

**Bewerbung um ein duales Studium zum
Bachelor of Arts – Fachrichtung International Business**

Sehr geehrte Damen und Herren,

auf dem diesjährigen Infotag der Dualen Hochschule Baden-Württemberg Mannheim (DHBW) bin ich auf das von Ihrem Unternehmen angebotene Studium im dualen System aufmerksam geworden.

Ich habe Interesse an wirtschaftlichen und kaufmännischen Zusammenhängen und an einer verantwortungsvollen Tätigkeit mit guten Zukunftsperspektiven. Auch meine Begeisterung für Fremdsprachen und fremde Kulturen – geprägt durch meinen einjährigen Aufenthalt in Argentinien – trug zu meiner Entscheidung bei, mich für ein duales Studium in Ihrem Unternehmen zu bewerben.

Meine schulische Laufbahn am Alten Kurfürstlichen Gymnasium in Bensheim werde ich im Juni d. J. mit der Allgemeinen Hochschulreife abschließen. Nach meinem dann folgenden Zivildienst könnte ich mit der Ausbildung zum Bachelor of Arts – Fachrichtung International Business beginnen.

Gerne überzeuge ich Sie in einem persönlichen Gespräch und freue mich, von Ihnen zu hören.

Mit freundlichen Grüßen

Stefan Turing

8 Anlagen

475524

10 Lebenslauf

Der Bearbeiter einer Bewerbung wird durch Aufbau, Übersichtlichkeit und klare Gliederung überzeugt. Die Daten eines tabellarischen Lebenslaufes sollten sofort auf Fragen Auskunft geben.

Zu beachten:	Zu vermeiden:
■ Eine, max. zwei Seiten	■ Schlechtes Papier
■ Gutes Papier	■ Schlechter Druck
■ Klare gut lesbare Schrift	■ Tippfehler
■ Klarer Aufbau und gut gegliedert	■ Rechtschreibfehler
■ Gliederungspunkte hervorheben	■ Gebrauchsspuren
■ Kurz und informativ	
■ Auf dem aktuellen Stand	
■ Berufstätigkeit und Arbeitgeber in Stichworten	Kein handschriftlicher Lebenslauf, es sei denn, dieser wird ausdrücklich verlangt.
■ Lückenlos	
■ Seriöse E-Mail-Adresse	
■ Wohnort und aktuelles Datum	
■ Handschriftliche Unterschrift	

→ Neben den **persönlichen Daten** enthält der Lebenslauf auch die **schulische** und **berufliche Laufbahn** des Bewerbers.

→ **Lücken** im Lebenslauf sollten auf keinen Fall verschwiegen werden. Auch müssen diese nicht nachteilig sein, sie können sich sogar positiv auswirken. Wichtig ist, ehrlich zu bleiben.

Wenn Lücken, z. B. durch

- Mangel an Orientierung,
- abgebrochene Ausbildung,
- familiäre Probleme,
- Betreuung von Kindern und Familienangehörigen,
- eine längere Reise oder einen Auslandsaufenthalt,

plausibel und offen erklärt werden, dann hat der Bewerber auch eine reelle Chance, den Ausbildungsplatz oder die Stelle zu bekommen. Auch eine längere Arbeitslosigkeit muss nicht nachteilig sein, wenn man beispielsweise die Zeit mit ehrenamtlichem Engagement gefüllt hat.

→ Von **Vorteil** ist auch der Besuch einer **Ausbildungsmesse** oder die Durchsicht der zahlreichen Angebote des **Berufsbildungszentrum der Bundesagentur für Arbeit**, welche einen Überblick über die zahlreichen Angebote geben.

→ Mit **Praktika, Ferien und/oder Freizeitjobs** werden auf jeden Fall Pluspunkte gesammelt, auch dann, wenn diese nichts mit der Ausbildung oder der Stelle zu tun haben.

→ Über das **Hobby** finden beim Vorstellungsgespräch öfters Unterhaltungen statt, die mit der Position nichts zu tun haben. Diese Gespräche zeigen mitunter Verantwortungsbewusstsein und Teamfähigkeit.

→ **Ehrenamtliche Engagements** im sportlichen, kulturellen oder sozialen Bereich gehören auf jeden Fall in den Lebenslauf.

Arbeitsschritte zum Erstellen eines tabellarischen Lebenslaufes:

1. Neue leere Seite öffnen

2. Seitenränder:

   oben: 4,5 cm   unten: 2 cm

   links: 2,5 cm   rechts: 2 cm

   (Seitenrand oben kann nach Bedarf verändert werden.)

3. Tabulatorzeichen 🔲 im Zeilenlineal auf 5 cm.

   (Damit wird die Mittellinie erstellt.)

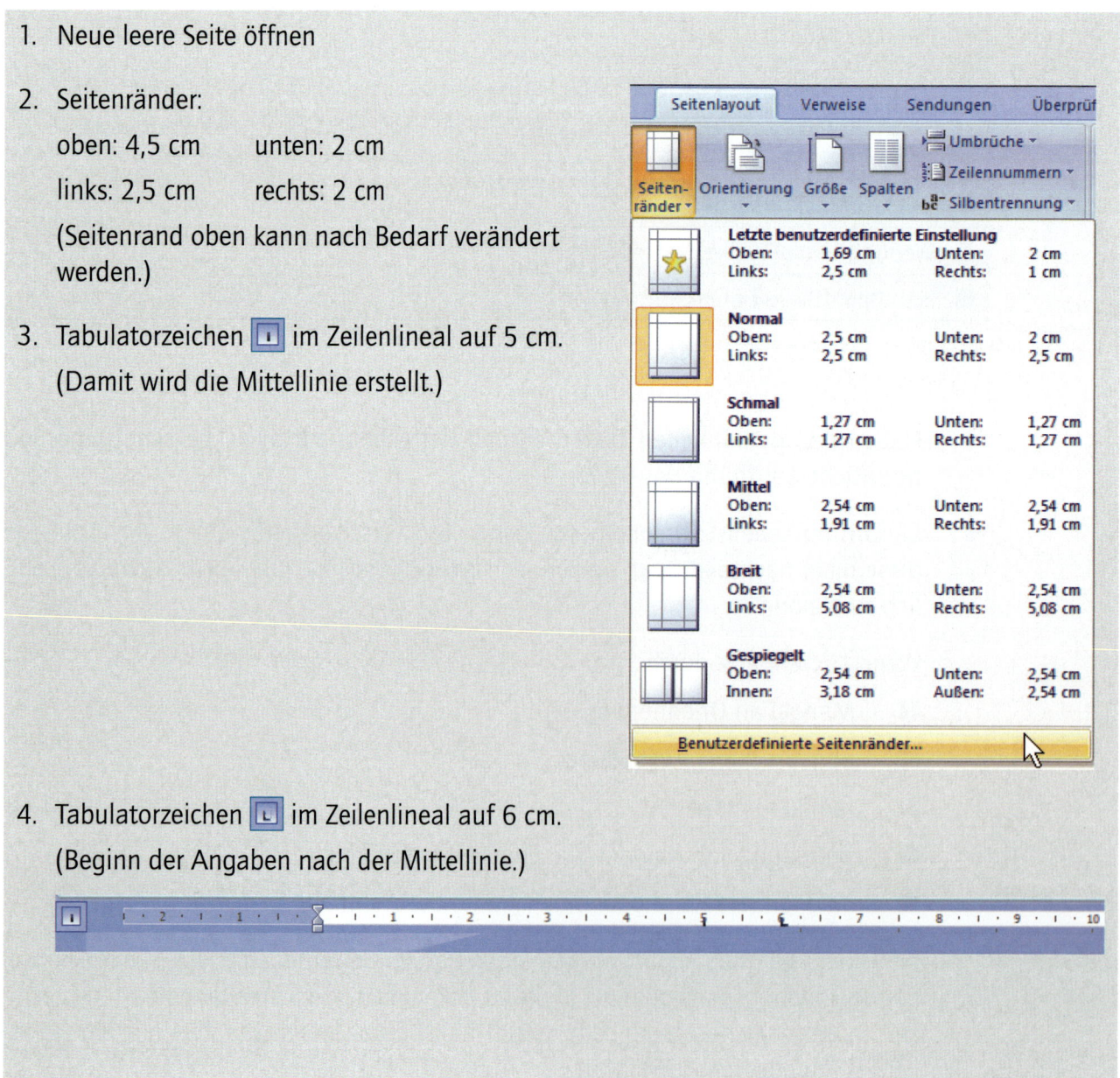

4. Tabulatorzeichen 🔲 im Zeilenlineal auf 6 cm.

   (Beginn der Angaben nach der Mittellinie.)

475526

Lebenslauf

Stefan Turing
Berliner Straße 23
64625 Bensheim

☎ 06251 987654
✍ steturing@wvd.de

Persönliche Daten:

Geburtsdatum	9. Oktober 1990
Geburtsort	Bensheim
Familienstand	Ledig
Staatsanghörigkeit	Deutsch
Eltern	Richard Turing, Chemotechniker Rita Turing, geb. Kniehaus, Bankkauffrau
Geschwister	Eine Schwester, 23 Jahre

Schulbildung:

1997 – 2001	Schillerschule Bensheim – Grundschule
2001 – 2010	Altes Kurfürstliches Gymnasium Bensheim
Abschluss	Allgemeine Hochschulreife (Ø 1,7)
Austauschjahr 2007 – 2008	Staatliche Schule in Colón Provincia de Entre Ríos, Argentinien

Zivildienst:

2010 – 2011	Arbeiterwohlfahrt (AWO) in Bürstadt

Praktika:

2004	2-wöchiges Schulpraktikum in der Prismann GmbH, Viernheim
2008	4-wöchiges Betriebspraktikum bei der Firma Schenk in Darmstadt

Kenntnisse:

Fremdsprachen	9 Jahre Englisch 7 Jahre Französisch 3 Jahre Spanisch 2 Jahre Italienisch
EDV	Windows, Excel Word, PowerPoint

…

Fortsetzung folgende Seite

– 2 –

Hobbys:

| 1994 – 2006 | Fußball beim VfR Bürstadt, Jugendmannschaft Training 3 bis 4-mal pro Woche |
| seit 2006 | 1. Mannschaft Senioren Training 3 bis 4-mal pro Woche |

Sonstiges: Führerschein Klasse B

Bensheim, heutiges Datum

Stefan Turing

11   Bewerbungsmappe

Für eine erfolgreiche Bewerbung, gleich, ob es sich um einen Ausbildungsplatz oder eine Arbeitsstelle handelt, empfiehlt sich eine individuelle Bewerbungsmappe. Mit einer übersichtlich gestalteten Bewerbungsmappe und einem gut formulierten Anschreiben kann der Bewerber aus der Masse herausragen.

11.1   Deckblatt

Mit einem gut und ansprechend gestalteten Deckblatt wird die Bewerbungsmappe aufgewertet. Der Bewerber kann sofort auf sich aufmerksam machen. Kreativität und Einfallsreichtum sowie farbliche Gestaltung sind dabei gefragt; ein Zuviel an Farben und Formen kann sich aber auch negativ auswirken (siehe Seite 29). Schnell kann auf die Kontaktdaten zugegriffen werden.

Kontaktdaten	Weitere Angaben
■ Name	■ Bezeichnung der Ausbildung oder der Stelle
■ Anschrift	■ Foto
■ Telefon	■ Aufzählung der Anlagen
■ E-Mail	

475528

11.2 Deckblatt – Beispiele

Bewerbung

zur Ausbildung als

Bachelor of Arts

Fachrichtung

International Business

Stefan Turing

Berliner Straße 23
64625 Bensheim
☎ 06251 987654
✉ steturing@wvd.de

Es stellt sich vor:

Finya Laymann
Ricarda-Huch-Weg 11 b
64625 Bensheim

Telefon: 06251 1234567
E-Mail: finya.laymann.wvd@web.de

Ihre neue Mitarbeiterin
als Assistentin des Sicherheitsingenieurs?

11.3   Welche Bewerbungsmappe?

Es sollten nur Mappen mit durchsichtigem Deckel verwendet werden, damit das Deckblatt sofort sichtbar ist. Die Farbe der Bewerbungsmappe sollte zum Bewerber passen und sich beispielsweise im Foto und/oder in farbigen Linien wiederfinden.

11.4   Reihenfolge in der Bewerbungsmappe

- Deckblatt mit Foto, Anschrift und Telefon
- Lebenslauf
- Kopien der Schulzeugnisse
- Kopien der Arbeitszeugnisse
- Bescheinigungen über Praktika
- Bescheinigungen über Schüleraustausch und Auslandsaufenthalte
- Bescheinigungen über ehrenamtliche Tätigkeiten

11.5   Ergänzungsseite

Bei Bedarf kann noch eine Seite z. B. mit der Formulierung „... **und was Sie noch über mich wissen sollten:"** eingefügt werden. Auf dieser Seite können zusätzliche interessante Angaben stehen:

→ Erklärungen zu Freizeitgestaltungen, die über Jahre kontinuierlich gepflegt wurden, und bei denen zusätzliche Turniere oder Wettkämpfe stattgefunden haben.

→ Ergänzungen zu einem längeren Auslandsaufenthalt oder Schüleraustausch.

→ Nähere Informationen über soziales und ehrenamtliches Engagement.

→ Weitere Angaben zur Vereinstätigkeit beispielsweise als Jugendleiter und/oder Trainer

11.6   Bewerbungsfoto

Zu einer gut gestalteten Bewerbung gehört auch ein gutes Foto. Mit diesem Foto werben Sie für sich; die Firma erhält einen ersten optischen Eindruck. Es ist ein wichtiges Beurteilungskriterium. Das Bewerbungsfoto sollte:

- ■   einen positiven Eindruck vermitteln,

- ■   den Bewerber natürlich und mit einem freundlichen Lächeln zeigen,

- ■   die Persönlichkeit des Bewerbers zum Ausdruck bringen.

Es ist daher sinnvoll, in ein gutes Foto zu investieren und einen professionellen Fotografen aufzusuchen. Gute Fotos zahlen sich aus, auch wenn diese etwas teurer sind.

Zu beachten beim Anfertigen eines Fotos:	Zu vermeiden:
■ Dezente, dem Anlass angepasste Kleidung	■ Automatenfotos
■ Evtl. mehrere Outfits mitnehmen	■ Urlaubsfotos
■ Kein starkes Make-up	■ Familienfotos
■ Fotos mit und ohne Lächeln	■ Fotos mit Freizeitkleidung
■ Tätowierungen nicht sichtbar	■ Fotos, die älter als 6 Monate sind

- ■   Name, Anschrift und Telefon auf die Rückseite des Fotos.

- ■   Das Foto bei der Bewerbungsmappe gut platzieren.

- ■   Wird nur ein Anschreiben und ein Lebenslauf gefordert, muss das Foto auf dem Lebenslauf angebracht werden.

11.7   Weitere Prüfung der Bewerbung

Die gesamte Bewerbung kritisch auf das äußere Erscheinungsbild, insbesondere auf die Wirkung begutachten:

- ■   Sauberes Papier

- ■   Keine Flecken

- ■   Keine Eselsohren

- ■   Unterlagen nicht gefaltet – C4-Umschlag

- ■   Ausreichend frankiert

- ■   Keine Gebrauchsspuren auf der Bewerbungsmappe

- ■   Unterschrift mit Schwarz oder Blau

- ■   Keine schlecht lesbaren Kopien oder Computerausdrucke

475532

12 Checklisten

Vor dem Versenden der Bewerbung werden Anschreiben und Bewerbungsmappe noch einmal anhand der Checkliste geprüft.

ANSCHREIBEN		BEWERBUNGSMAPPE	
Absenderangaben		**Deckblatt**	
☐	vollständig	☐	ausgewogene Gestaltung
☐	korrekt	☐	interessante Schrift
☐	gut gestaltet	☐	passende Farben
Anschrift		☐	bewerbungsgerechtes Bild
☐	korrekte Schreibweise	☐	korrekte Absenderangaben
☐	richtige Reihenfolge	**Lebenslauf**	
☐	Ansprechpartner benannt	☐	Überschrift hervorheben
☐	normgerechte Gliederung	☐	Schriftart wie beim Anschreiben
Datum		☐	übersichtliche Gliederung
☐	normgerecht	☐	sinnvolle Reihenfolge
☐	richtige Platzierung	☐	Vollständigkeit der Angaben
Betreff		☐	normgerechte Schreibweisen
☐	treffende Formulierung	☐	Ort, Datum
Briefanrede		☐	Unterschrift
☐	Ansprechpartner benannt	**Besondere Informationen**	
Text		☐	Stärken hervorheben
☐	aufmerksam machende Einleitung	☐	Hobby erwähnen
☐	Gliederung des Hauptteils	☐	ehrenamtliche Tätigkeiten
☐	kein Blocksatz	☐	Sprachkenntnisse
☐	keine floskelhafte Schlusswendung	☐	Auslandsaufenthalte
☐	Silbentrennung		
☐	Rechtschreibprüfung		
Briefabschluss			
☐	keine floskelhafte Grußformel		
☐	Platz für Unterschrift		
Anlagenvermerk			
☐	Anlagen auflisten		
☐	auf Vollständigkeit prüfen		

13 Bewerbung um einen Arbeitsplatz

Situation

Finya hat ihre Ausbildung als Kauffrau für Bürokommunikation bei der SPORTLINE KG erfolgreich abgeschlossen. Vor Ausbildungsbeginn war klar, dass sie nicht übernommen werden kann. Damit sie genügend Zeit hat, einen neuen Arbeitsplatz zu finden, hat die Firma sie für ein Jahr in ein befristetes Arbeitsverhältnis übernommen. Finya ist auch bereit, für eine verantwortungsvolle Tätigkeit mit entsprechenden Aufstiegschancen einen längeren Anfahrtsweg in Kauf zu nehmen.

Finya durchforstet verschiedene Tageszeitungen nach geeigneten Stellenangeboten. Sie findet sehr unterschiedliche Arten von Anzeigen und erkennt, dass über die Größe, Gestaltung und Aussagekraft der Anzeige Rückschlüsse auf die Seriosität eines Unternehmens gezogen werden kann.

13.1 Analyse einer Stellenanzeige

Informationen zur Stelle:	Informationen zur Person:
Stellenanzeige → Layout und Größe der Anzeige = Wichtigkeit der Position Bedeutung des Unternehmens → Wortwahl: sachlich oder locker = Lässt auf Umgangston in der Firma schließen	**Anforderungskatalog** → Geforderte Ausbildung/Qualifikation → Erwünschte Berufserfahrung → Zusatzqualifikationen → Persönlichkeitsanforderungen → Altersbegrenzung
Selbstdarstellung des Unternehmens → Auskunft über die Branche → Beschreibung der vertriebenen Produkte oder Dienstleistungen → Größe → Standort → Marktstellung	**Besondere Leistungen des Unternehmens** → Überdurchschnittliches Gehalt → Zusätzliche Sozialleistungen → Fahrtkostenzuschuss → Betriebliche Altersversorgung
Stellenbeschreibung → Bezeichnung der Position → Beschreibung des Aufgabengebietes → Entwicklungschancen/Aufstiegschancen → Gewünschter Eintrittstermin	**Informationen zum Bewerbungsverfahren** → Anforderung an die Bewerbung → Name und Telefonnummer des Ansprechpartners → Abteilung → Kennwort → Bewerbungsfrist

Situation

Heute hat Finya eine interessante Anzeige in der Frankfurter Rundschau gelesen. Sogleich beginnt sie, die wesentlichen Punkte der Anzeige zu markieren und ihr Anschreiben genau auf die ausgeschriebene Stelle zu formulieren.

13.2   Bewerbung als Assistentin des Sicherheitsingenieurs

Finya Laymann

Ricarda-Huch-Weg 11 b
64625 Bensheim
Telefon: 06251 1234567
E-Mail: finya.laymann.wvd@web.de

Fraport AG
Airport Service Worldwide Frankfurt
Personalabteilung
Frau Ulrike Umscheidt
60547 Frankfurt am Main

heutiges Datum

Bewerbung als Assistentin des Sicherheitsingenieurs

Sehr geehrte Damen und Herren,

Ihre Anzeige in der Frankfurter Rundschau vom … hat mich sehr angesprochen; das geschilderte Aufgabenfeld entspricht in besonderer Weise meinen Neigungen und Interessen.

Schon zu Beginn meiner Ausbildung als Kauffrau für Bürokommunikation bei der SPORTLINE KG war ich dem Sicherheitsbeauftragten zugeordnet und habe mich mit dessen vielfältigen Aufgabengebieten vertraut machen können. Ich habe selbstständig verschiedene Projekte bearbeitet; u. a. für die Neugestaltung der Büroarbeitsplätze nach ergonomischen Gesichtspunkten recherchiert und die dafür erforderlichen Besprechungsunterlagen vorbereitet.

Nach Beendigung meiner Ausbildung erhielt ich einen befristeten Arbeitsvertrag als kaufmännische Angestellte im Sicherheitswesen. Hier ist es meine Aufgabe, das Verhalten der Mitarbeiter so zu beeinflussen, dass sie

• sich sicherheitsgerecht verhalten,
• bereitgestellte Körperschutzmittel verwenden und
• selbst mithelfen, Unfall- und Gesundheitsgefahren aufzuspüren.

Durch meine Teamfähigkeit und Kontaktfreude gelingt es mir, die Mitarbeiter von der Wichtigkeit der Sicherheitsmaßnahmen zu überzeugen. Fortbildungsmaßnahmen bei der Berufsgenossenschaft bringen mich immer wieder auf den neuesten Stand der Arbeitssicherheit; neue Mitarbeiter weise ich in sicherheitsgerechtes Arbeiten ein.

Daher erfülle ich die von Ihnen geforderten Kompetenzen und überzeuge Sie davon gerne in einem persönlichen Gespräch.

Mit den besten Grüßen

Finya Laymann

Anlagen
Kaufmannsgehilfenbrief
Lebenslauf
Abschlusszeugnis der Fachoberschule
Zeugnis der Mittleren Reife

13.3 Lebenslauf – Finya Laymann

Situation

Finya verfügt bereits über praktische Erfahrungen, daher verwendet sie bei der chronologischen Anordnung ihres Lebenslaufes die Europa-Norm. Dies bedeutet, dass die neuesten Daten zuerst aufgeführt werden.

LEBENSLAUF

Finya Laymann
Ricarda-Huch-Weg 11 b
64625 Bensheim
Telefon: 06251 1234567
E-Mail: finya.laymann.wvd@web.de

Persönliche Daten

geboren am	12. Oktober 1988
in	Darmstadt
Staatsangehörigkeit	deutsch

Schulbildung

2004 – 2007	Martin-Behaim-Schule Fachoberschule Darmstadt
1998 – 2004	Morneweg Schule Darmstadt Abschluss Mittlere Reife
1994 – 1998	Grundschule Darmstadt Elly-Heus-Knapp Schule

Berufsausbildung

Seit Mai 2010	befristeter Arbeitsvertrag bei der SPORTLINE KG als kaufmännische Angestellte im Bereich Sicherheitswesen
Mai 2010	Abschlussprüfung vor der IHK Gesamtnote „gut"
2007 – 2010	Ausbildung zur Kauffrau für Bürokommunikation bei der SPORTLINE KG in Bensheim

Bensheim, Datum

Finya Laymann

475536

MEINE STÄRKEN

Finya Laymann
Ricarda-Huch-Weg 11 b
64625 Bensheim
Telefon: 06251 1234567
E-Mail: finya.laymann.wvd@web.de

Während des umfangreichen Projektes „Neugestaltung der Büroarbeitsplätze" konnte ich zeigen, dass ich

- selbständiges Arbeiten gewöhnt bin,

- gerne im Team arbeite und die Meinungen anderer respektiere,

- freundlich und offen bin,

- flexibel, belastbar und zielstrebig arbeite.

WAS SIE SONST NOCH ÜBER MICH WISSEN SOLLTEN:

- Ich spreche fließend Englisch und habe Grundkenntnisse in Spanisch.

- Für die Vorstellung der Projektarbeit habe ich selbstständig Präsentationen mit PowerPoint erstellt und präsentiert.

- Im Umgang mit den Programmen Word und Excel bin ich durch Erledigung zahlreicher betriebsbedingter Aufgaben sehr geübt.

- Bei der Vorbereitung und Durchführung von zwei Großveranstaltungen habe ich mitgewirkt und konnte dabei mein Organisationsgeschick zeigen.

- In meiner Freizeit spiele ich Klarinette und nehme auch an öffentlichen Auftritten teil.

- Zweimal die Woche gehe ich zum Joggen.

14 Online-Bewerbung

Situation

> Finya hat nur einen befristeten Arbeitsvertrag. Innerhalb dieser Frist will sie einen neuen Arbeitsplatz finden, daher durchforstet sie auch das Internet auf Stellenangebote. Unter den zahlreichen Stellenmärkten wählt sie die Adresse www.evonik.de/karriere aus, die sie noch aus ihrer Schulzeit kennt. Sie informiert sich über Angebote und die Möglichkeiten der Online-Bewerbungen, welche voll im Trend sind.

Auf der Homepage von Evonik erfährt sie, dass es zwei Möglichkeiten gibt, sich online zu bewerben:

- **Stellenbewerbung** auf eine ausgeschriebene Stelle oder
- **Initiativbewerbung**.

Die Vorteile der beiden elektronischen Bewerbungen für das Unternehmen liegen u. a. darin, dass die bereitgestellten Formulare unternehmensspezifisch strukturiert sind und somit einen schnellen Überblick über eingehende Bewerbungen ermöglichen.

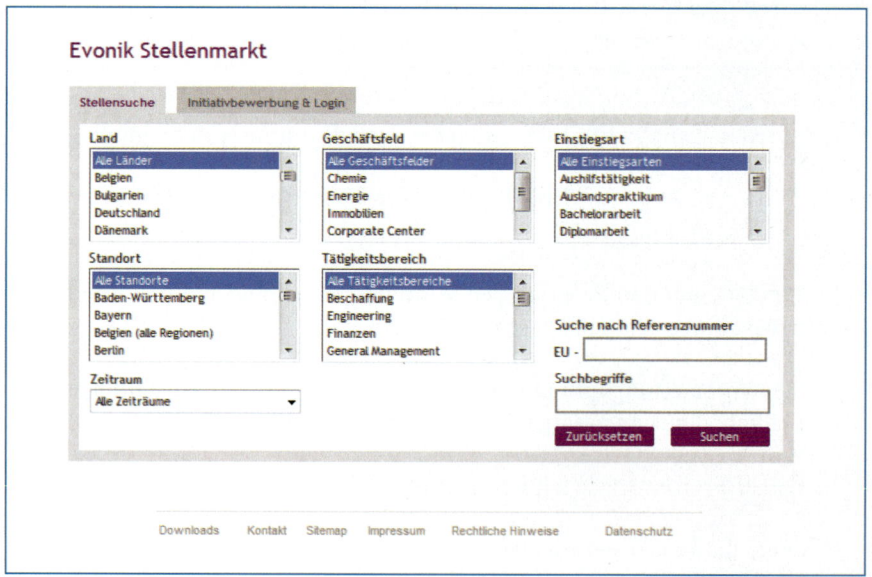

Der Evonik **Stellenmarkt** zeigt Finya an, dass für die von ihr gewünschten Bereiche keine freie Stelle gefunden wurde, daher entscheidet sie sich für eine **Initiativbewerbung**.

Diese Bewerbung wird sechs Monate im Bewerberpool von Evonik gespeichert und steht so allen Personalverantwortlichen des Konzerns zur Verfügung. Wenn ihre Bewerbung Interesse weckt, setzt sich die/der betreffende Personalverantwortliche so schnell wie möglich mit ihr in Verbindung.

■ Finya klickt auf die Registerkarte die **Initiativbewerbung & Login** und auf **Registrierung**.

■ Die sich öffnende **Einverständniserklärung** bestätigt sie mit **Ja**.

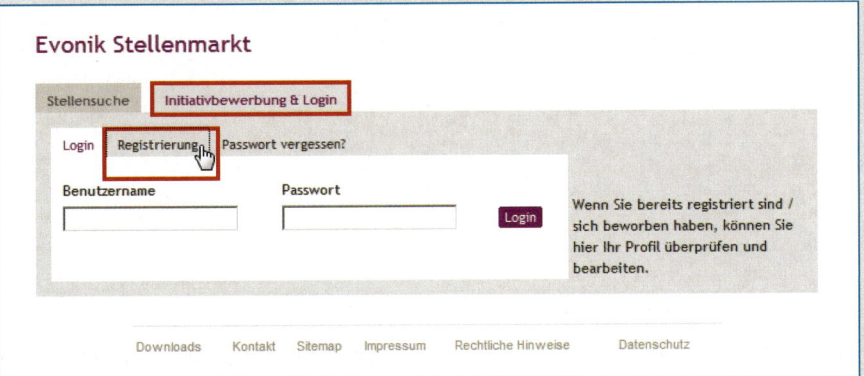

■ Sodann erscheint eine Eingabe-
maske, die sie vollständig ausfüllt
und mit einem Klick auf die
Schaltfläche **Beginn Bewerbungs-
formular** bestätigt.

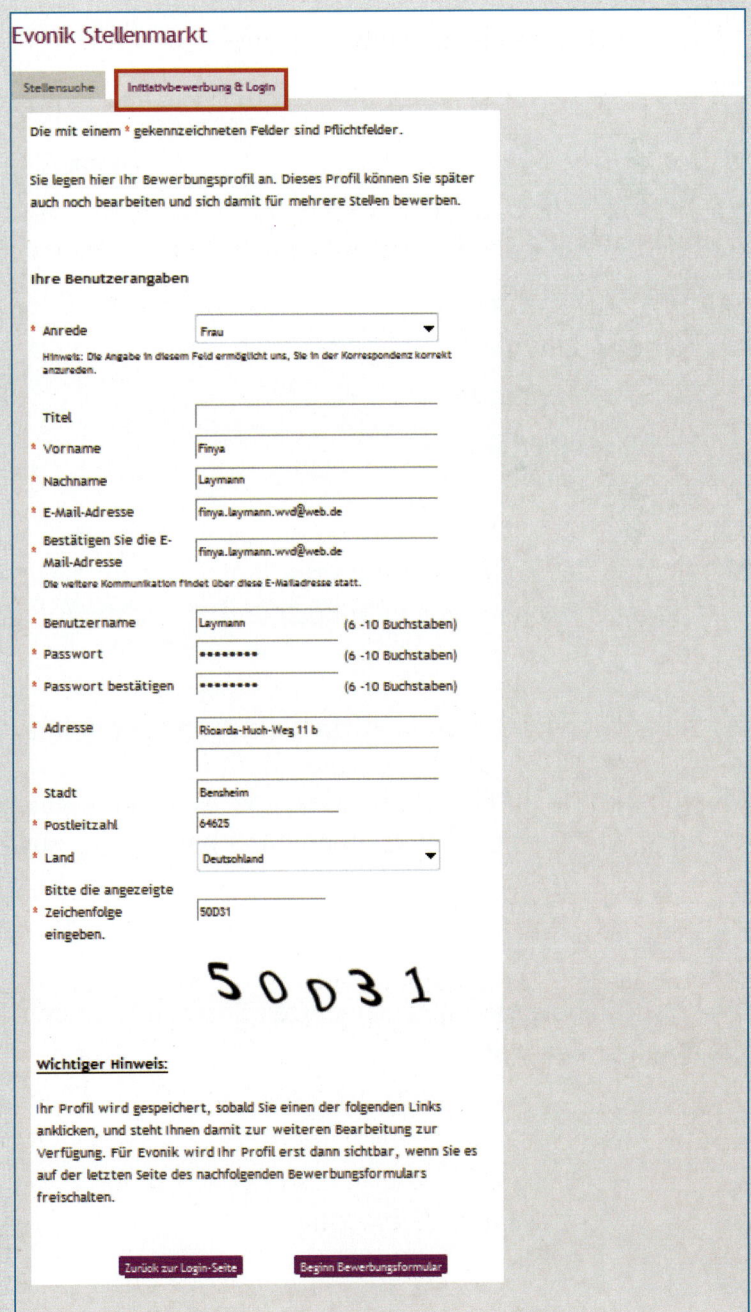

■ Sie vervollständigt ihre persönlichen Daten in dem nächsten Formular.

Nacheinander werden nun die Formulare

■ Bildungsgang

■ Berufserfahrung

■ Sprachkenntnisse

■ Ziele und Wünsche

ausgefüllt.

■ Mithilfe des *Formulars* **Anhänge** lädt Finya ihr Bewerbungsfoto, ihren Lebenslauf aus einem Ordner von ihrem Computer hoch und achtet darauf, dass die Anhänge 2 MB nicht überschreiten.

■ Sie erhält eine Bestätigung, dass die Anlagen erfolgreich virenfrei hochgeladen wurden.

■ Nun gibt sie ihr Profil frei und schickt es über die entsprechende Schaltfläche ab, mit der Hoffnung, dass sich die Personalabteilung bald bei ihr meldet.

Eine **Initiativbewerbung** kann jederzeit bearbeitet werden, indem das erstellte Profil über die Homepage aufgerufen wird.

15   E-Mail-Bewerbung

Eine Bewerbung per E-Mail, z. B. als Kurzbewerbung auf eine Anzeige ist zeitgemäß. Die digitale Bewerbung ist sekundenschnell beim Empfänger. Die Kosten für die Bewerbungsmappe, Porto usw. entfallen.

Auch wenn die Bewerbungsunterlagen elektronisch verschickt werden, sollte mit größter Sorgfalt gearbeitet werden. Es gelten die gleichen Anforderungen wie auf Papier.

Manchmal wird das Anschreiben separat als Anlage versendet, es ist aber auch möglich, das Anschreiben direkt in die E-Mail zu schreiben; jedoch geht hier der persönliche Briefvordruck verloren.

Aus Datenschutzgründen empfiehlt es sich, alle Unterlagen nicht als Word-Dokument, sondern als PDF-Datei zu versenden.

Umfang der E-Mail-Bewerbung:	Zu beachten:
■ Anschreiben	■ Seriöse E-Mail-Adresse verwenden
■ Lebenslauf	■ Ansprechpartner recherchieren
■ Foto (nicht als eigenständige Datei)	■ Keine unpersönlichen Anreden
■ Ausgewählte Anlagen	■ Datum der Bewerbungsunterlagen aktuell
	■ Betreff aussagefähig formulieren
	■ Fundstelle der Anzeige angeben
	■ Dateigröße beachten – 2 MB
	■ Keine Rund-Mails

16 Einstellungstest – Auswahltest

Bevor Ausbildungs- oder Arbeitsplätze vergeben werden, werden die infrage kommenden Bewerber zum schriftlichen Test eingeladen. Das Auswahlverfahren ist die erste Chance sich zu bewähren und im Bewerbungsverfahren weiterzukommen; daher sollte man sich auf solche Tests gut vorbereiten. Geprüft werden z. B. Allgemeinbildung, logisches Denken, Belastbarkeit und Konzentrationsfähigkeit. Zur Allgemeinbildung zählt u. a. auch das Rechnen (Dreisatz, Prozentrechnen, Multiplizieren).

Es können auch Informationen über das Unternehmen erfragt werden, daher ist es sinnvoll, sich auf der Homepage des Unternehmens über Entstehung, Struktur, Produktpalette usw. zu informieren. Vorteilhaft ist es, über das aktuelle Tagesgeschehen in Politik und Wirtschaft informiert zu sein.

Beim Test selbst sollte konzentriert und rasch gearbeitet werden. Die dadurch entstehende Stresssituation ist Teil des Tests. Fragen, die nicht sofort beantwortet werden können, überspringt man.

Zur weiteren Vorbereitung auf das Auswahlverfahren und eventuelle Intelligenztests kann man auf angebotene Literatur zurückgreifen.

17 Vorstellungsgespräch – Bewerbungsgespräch

Ihre Bewerbung war erfolgreich und Sie sind zum Bewerbungsgespräch eingeladen worden. Man möchte Sie kennen lernen. Natürlich freuen Sie sich, dass Sie in die engere Wahl gezogen wurden. Sie erhalten die Chance, Ihre Stärken in einem persönlichen Gespräch zu zeigen.

Mit dem Vorstellungsgespräch macht man sich ein persönliches Bild von dem Bewerber und prüft, ob er die Stelle optimal ausfüllen kann; der Gesamteindruck ist entscheidend.

→ Erreicht Sie die Nachricht per Telefon, danken Sie für den Anruf und akzeptieren möglichst den vorgeschlagenen Termin. Auch sollten Fragen zu Ihrer Bewerbung ohne Zögern beantwortet werden.

→ Mit einem Telefonat werden häufig auch Kurz-Interviews geführt, um die Reaktion des Bewerbers und die Stimme zu testen.

→ Erhalten Sie den Termin zur Vorstellung schriftlich, sollten Sie den Termin noch am gleichen Tage per Telefon oder E-Mail bestätigen. Das kommt immer gut an – damit können Sie punkten.

→ Zum Vorstellungsgespräch sollten Sie auf jeden Fall die Originalzeugnisse mitbringen und ggf. Ihre Bewerbungsunterlagen.

475542

17.1   Was ziehe ich an?

Mit der Benachrichtigung zum Vorstellungsgespräch stellt sich sofort die Frage:

■ Was ziehe ich bloß an?

■ Wie wirke ich am besten?

■ Welcher Kleidungsstil passt zu mir?

Das äußere Erscheinungsbild ist sehr wichtig. Mit der richtigen, gepflegten Kleidung strahlt man Selbstbewusstsein aus. Das richtige Outfit „Kleider machen Leute" ist wichtig, sollte jedoch zum Typ passen, vor allem muss man sich darin wohlfühlen.

Die Wahl der Kleidung ist auch abhängig von der Stelle, um die man sich bewirbt und von der Branche. Ist man sich bei der Auswahl der Gardarobe nicht sicher, ist es vorteilhaft, sich beraten zu lassen. Beachtet werden sollte:

■ nicht zu modisch	■ nicht zu bunt
■ nicht zu elegant	■ richtiges Schuhwerk
■ keine Freizeitkleidung	■ Sauberkeit

17.2   Bewerbungsgespräch – Einstieg

Der Bewerber sollte beim Vorstellungsgespräch einen guten Eindruck machen, natürlich, freundlich und sympathisch wirken. Vor allem aber rechtzeitig erscheinen. Schon beim ersten Kontakt – **Begrüßung** – gilt es Regeln einzuhalten:

→ Freundlich grüßen und mit Namen vorstellen

→ Den Grund sagen, weshalb man kommt

→ Warten bis die Hand gereicht wird

→ Augenkontakt halten und lächeln (kein Dauergrinsen)

→ Fester Händedruck – nicht zu fest; aber auch nicht schlaff

→ Distanzzone einhalten – eine Armlänge

→ Warten, bis man Platz angeboten bekommt

→ Aufrecht und locker sitzen

→ Nur Getränke auswählen, die angeboten werden (niemals Alkohol)

→ Hände nicht unter den Tisch, nicht in die Hosentaschen

17.3   Bewerbungsgespräch – Beginn

Bereiten Sie sich gut auf das Bewerbungsgespräch vor, damit Sie glaubhaft wirken. Mangelnde Vorbereitung wirkt sich negativ aus.

Zu Beginn des Gesprächs folgt meist ein kleiner Small Talk, um eventuelle Spannung oder Nervosität (ganz natürlich) wegzunehmen.

Personaler – mögliche Fragen	Bewerber – mögliche Antworten
Wie war denn die Anreise?	Positiv berichten. Mindestens 15 Minuten vorher da sein.
Haben Sie gut hergefunden?	Ich habe gut hergefunden. (Nicht über Schwierigkeiten berichten.)
Aus Ihrem Lebenslauf entnehme ich, dass Sie ... Erzählen Sie doch bitte mal genauer.	Kurze Schilderung – keine Aufzählung der Angaben aus dem Lebenslauf.
Gibt es etwas, was Ihnen besonders Spaß gemacht hat?	Bericht über ein Projekt; Erzählung über Workshops usw.

17.4   Bewerbungsgespräch – Hauptteil

17.4.1   Fragen des Personalverantwortlichen

Während des Gesprächs werden häufig Fragen zur Firma und zur ausgeschriebenen Position gestellt, auf die man sich vorher sehr gut vorbereiten sollte, damit diese flüssig beantwortet werden können. Hier gilt es, Engagement und Interesse zu zeigen.

→   Achten Sie darauf, dass Sie ausstrahlen, was Sie erzählen, damit Sie überzeugend wirken.

→   Hören Sie genau zu und versuchen Sie zu verstehen, was mit der Frage gemeint ist – evtl. nachfragen.

→   Achten Sie auf Körperhaltung, Augenkontakt, Modulation der Stimme und Vollständigkeit der Sätze.

475544

Personaler – mögliche Fragen	Bewerber – mögliche Antworten
Warum bewerben Sie sich gerade um diese Stelle?	Hier überzeugend wirken und begründen.
Warum wollen Sie in unserem Unternehmen arbeiten?	Ihr Unternehmen ist dafür bekannt, dass Sie eine gute Ausbildung ermöglichen. Das Unternehmen ist innovativ, zukunftssicher, bietet Aufstiegschancen, gute Weiterbildungsmöglichkeiten.
Welche Schwächen haben Sie?	Mache zu wenig Sport. Sitze zu lange am Computer.
Was haben Sie dafür getan, sie zu verbessern?	Habe mich zum Laufen zweimal pro Woche mit einem Freund verabredet.
Wie stehen Sie zu ehrenamtlichem Engagement?	Ich arbeite einmal im Monat an einem Wochenende als Helfer beim Roten Kreuz.
Was bedeutet Teamarbeit für Sie?	Akzeptanz von gegenteiligen Meinungen. Verantwortung teilen; gegenseitig unterstützen.
Wie sehen Ihre Zukunftsvorstellungen aus?	Einen guten Abschluss machen. Weiterbildungsangebote nutzen.
Für die Stelle gibt es noch andere Bewerber, warum sollten wir uns für Sie entscheiden?	Ich lerne gern und bin ehrgeizig. Kann mich voll reinknien. Arbeite gerne und ausdauernd. Bin teamfähig. Lerne gerne und neue Sachen kennen. Die beschriebenen Tätigkeiten würden mir Spaß machen.

Außerdem sind folgende Fragen denkbar:

→   Was wissen Sie über unser Unternehmen?

→   Wie sehen Sie sich in 5 Jahren?

→   Haben Sie Ambitionen, ins Ausland zu gehen?

→   Erzählen Sie etwas über Ihre Hobbys – vielleicht in englischer Sprache?

17.4.2　Fragen des Bewerbers

An dieser Stelle wird der Bewerber aufgefordert, Fragen zu stellen. Auch diese Fragen sollten vorher gut vorbereitet werden, denn sie spiegeln Interesse und Engagement.

Mögliche Fragen eines zukünftigen Auszubildenden	Mögliche Fragen eines zukünftigen Mitarbeiters
Wie ist der Berufsschulunterricht geregelt? Gibt es Block- oder Teilzeitunterricht?	Was wird denn mein zukünftiges Aufgabenfeld sein?
Werde ich im Lernprozess unterstützt? Gibt es internen Unterricht?	Gibt es spezielle Kollegen, die mir bei der Einarbeitung helfen?
Wie viele Ausbildungsplätze haben Sie zu besetzen?	Wer ist mein direkter Vorgesetzter und wer ist mein Ansprechpartner?
Werden Fortbildungsmöglichkeiten z. B. für Fremdsprachen angeboten?	Was erwarten denn die zukünftigen Kollegen von mir?
Kann bei guten Leistungen die Ausbildungszeit verkürzt werden?	
Wie sehen die Übernahmemöglichkeiten nach dem Abschluss aus?	

Ganz zum Schluss können – falls der Personalverantwortliche diese Themen noch nicht angesprochen hat – Fragen zur Arbeitszeit- oder Gleitzeitregelung gestellt werden. Zu frühe Fragen nach Urlaub und Gehalt könnten negativ bewertet werden.

17.5　Bewerbungsgespräch – Schluss

Personaler	Bewerber
Personaler bedankt sich für das Gespräch und für das Kommen.	Danke, dass Sie mich eingeladen haben.
Vielen Dank für Ihre Ausführungen.	Danke, für das Gespräch, es war sehr informativ.
Wir werden Sie telefonisch benachrichtigen.	Bis wann kann ich mit Ihrem Anruf rechnen?

Es ist günstig, das Bewerbungsgespräch zu Hause nachzubereiten und sich Notizen zu machen, wie das Gespräch verlaufen ist, um für weitere und/oder zukünftige Bewerbungsgespräche vorbereitet zu sein.

475546

17.6   Bewerber-Gruppengespräch

Um die zahlreichen Bewerber schneller kennen zu lernen und beurteilen zu können, laden die Firmen mitunter zu Gruppendiskussionen ein. Dabei werden die Teilnehmer intensiv beobachtet und bewertet.

Zunächst stellen sich die Bewerber untereinander mit einem kurzen vorgegebenen Zeitlimit vor. Dabei sollen sie ihre Fähigkeit zur Selbstpräsentation unter Beweis stellen.

In den anschließenden Diskussionen werden Persönlichkeit, Teamfähigkeit, soziales Verhalten, verschiedene Kompetenzen, wie Kommunikationsfähigkeit, Ausdrucksmöglichkeiten, spontane Reaktionen auf Vorschläge sowie gegenseitige Rücksichtnahme bewertet.

17.7   Solche Fehler vermeiden:

→ Ungepflegtes Äußeres

→ Schlechte Körperhaltung, schlechte Körpersprache

→ Schlecht sitzende Kleidung, schmutzige Schuhe

→ Schlaffer Händedruck

→ Fehlender Augenkontakt

→ Unehrliche Antworten, schlechte Ausreden

→ Mangel an Interesse – Gleichgültigkeit

→ Negative Aussagen zur Schule, zu ehemaligen Vorgesetzten bzw. Betrieben

→ Herabsetzung früherer Arbeitgeber

→ Hauptsächlich am Gehalt interessiert sein

→ Urlaub und Freizeitgestaltung im Vordergrund

18   Assessment-Center

Assessment-Center (AC) stammt aus dem Englischen *to assess* und bedeutet *beurteilen*. In Assessment-Centern werden Testsituationen zur Beurteilung und Auswahl von Bewerbern für Führungspositionen durchgeführt. Die Teilnehmer werden hinsichtlich ihrer Qualifikation, Belastbarkeit, Teamfähigkeit, Kritikfähigkeit und Führungspersönlichkeit getestet und ausgesiebt.

In einem Assessment-Center werden die Bewerber vor verschiedene Probleme gestellt und im Umgang mit diesen bewertet. Je nachdem, wie anspruchsvoll die zu besetzende Stelle ist, kann ein solcher Test über mehrere Tage gehen.

Für Auszubildende kommt ein Assessment-Center bisher selten infrage. Manchmal werden Bewerber mit Hochschulreife, die eine Ausbildung als Bachelor im Dualen System absolvieren wollen, in ein solches AC eingeladen. Ist dies der Fall, bietet das Internet gute Informationen, sogar Tests zur Vorbereitung.